"绿宝瓶" 科普系列丛书

新能源卷

丛书主编◎郭曰方
执行主编◎凌　晨

能源未来

宁铁民◇著
侯孟明德◇插图

U0321193

山西出版传媒集团
山西教育出版社

图书在版编目（CIP）数据

能源未来 / 宁铁民著. — 太原：山西教育出版社，
2021.1
　　（"绿宝瓶"科普系列丛书 / 郭曰方主编. 新能源
卷）
　　ISBN　978 - 7 - 5703 - 0311 - 3

　　Ⅰ．①能… Ⅱ．①宁… Ⅲ．①燃料电池—青少年读物
Ⅳ．①TM911.4 - 49

　　中国版本图书馆 CIP 数据核字（2021）第 011590 号

能源未来
NENGYUAN　WEILAI

策　　划	彭琼梅	
责任编辑	裴　斐	
复　　审	韩德平	
终　　审	彭琼梅	
装帧设计	孟庆媛	
印装监制	蔡　洁	
出版发行	山西出版传媒集团·山西教育出版社	
	（太原市水西门街馒头巷 7 号　电话：0351-4729801　邮编：030002）	
印　　装	山西聚德汇印务有限公司	
开　　本	787 mm × 1092 mm　1/16	
印　　张	6	
字　　数	134 千字	
版　　次	2021 年 3 月第 1 版　2021 年 3 月山西第 1 次印刷	
印　　数	1 - 5 000 册	
书　　号	ISBN　978 - 7 - 5703 - 0311 - 3	
定　　价	28.00 元	

如发现印装质量问题，影响阅读，请与山西教育出版社联系调换。电话：0351-4729718

目录

新能源 新未来

同学们，你们知道吗？我们的人类社会能够正常运转，离不开能源。可以说，能源是维持我们生活非常重要的物质基础之一，攸关国计民生和国家安全。

在过去，煤炭虽然为我们的生活做出了巨大贡献，但是也给我们的生存环境造成了极大的污染。目前，我国能源消费总量居世界第一，但总体上煤炭消费比重仍然偏高，清洁能源比重偏低。全世界都在积极地寻找对环境影响比较小的清洁能源，我们的国家怎么能落后呢？所以，我国的科学家也在努力地开发新能源，以还一个碧水蓝天的世界给我们。

新能源属于清洁能源，开发利用不会污染环境，并且能够循环使用，对降低二氧化碳排放强度和污染物排放水平有重要作用，也是建设美丽中国、低碳生活的关键。这套"绿宝瓶"丛书，正是从节约能源的角度，介绍近年来新能源的开发和利用，包括太阳能、风能、水能、核能、生物质能、燃料电池（氢能）等，比较全面和系统。

近年来，我国新能源的开发利用规模扩大得非常快，水电、风电、光伏发电累计装机容量均居世界首位，核电装机容量居世界第二，在建核电装机容量世界第一。即便如此，我们也不能骄傲，我们与习近平总书记提出的"二氧化碳排放力争于2030年前达到峰值，努力争取2060年前实现碳中和"这个目标要求仍有很大差距。为了达到这个目标，我们的政府积极制定了很多措施，要在供给侧坚持高碳能源清洁化，清洁能源规模化，还要在需求侧坚持节约能源，不仅仅要在工业、交通、运输、建筑、公共机构等高耗能领域推广节能理念，采用节能技术，更要推动可再生能源等替代化石能源。

同学们，你们是国家的未来，相信你们在读完这套丛书之后能更好地了解新能源知识，并且为把我国建设得更加美丽而身体力行。

加油！

国家能源集团低碳研究院 庞柒

古代，我们用水和风驱动轮子，带动轮子后的石磨磨米、磨面，为的是获得食物。我们燃烧煤，用获得的热量煮熟食物。

水能、风能、煤炭都在保障我们起码的生存：吃饱肚子。

后来人们发明了帆，将它挂在船上，利用风能和水能远航，使得不同地区出产的食物进行交换，在吃饱肚子的基础上，人们的食物更加多样化。

煤炭可以提供更高的温度，熔化金属，人们使用冶炼技术打造铁器：铁锹、铁犁、铁铲……这些工具的产生都是为了把庄稼种得更好，提高其产量和品质。

这时候，我们对能源的应用还处于初级阶段。就像幼儿园的小朋友，只会捏泥巴，不知道泥土烧结后会成为结实的砖头，可以用来建造漂亮的房子。

1

直到有一天，蒸汽机车出现了，煤的能量得到了更充分的应用，先变成热能，再变成机械能，最后竟然可以推动庞大的钢铁机身运行。从此，人类加快了开发利用能源的步伐，获得了更快的交通速度、通信速度、计算速度……

电的发明让我们的社会发生了根本变化，我们现代化的工业体系和衣食住行都和电密不可分。

于是，水能、风能、煤炭、石油……我们所能找到的一切能源，都被用来生产电力。

石油还被加工出许多副产品，其中的柴油和汽油，是现代交通工具所必需的燃料。

全地球70多亿人的需求，使煤、石油这样的矿物燃料日渐枯竭。

现在人类可依靠的能源中，煤和石油是化石能源，也就是过去亿万年间储存的太阳能。

风能实际上是空气流动产生的动能，水能来源于水流动起来具有的势能和动能，核能则是将原子核打开所释放出的巨大能量。

对每种能源利用方式的改变，都会给我们的社会带来巨大变化。

追寻清洁无污染、高效的可再生能源，将给我们一个新的未来。

　　在这本书里，我会和大家一起，看看科学技术给我们带来了哪些新能源，这些新能源有的已经市场化，并投入到了实际的生产和生活之中，有的还仅仅是理论。**我相信，未来的能源种类会更加丰富多样，人类可以最低成本、最高效率地获得能源，从而使生活更加舒适、美好。**

煤

石油开采场景

蒸汽机车

电池是新能源？

它不是很早以前的发明？都用好多年了，哪儿新了？

其实，现代电池自 1800 年由伏特发明，到今天已经有 200 多年的历史，期间改头换面了很多代，早已不是当年的模样，只是我们家中一般使用的 5 号、7 号和 1 号干电池的外观长期没有改变。大家要是仔细观察这三种电池上的说明，就会发现，它们的电压都是 1.5 伏，只是体积不同，电能容量不同。

干电池属于原电池的一种。原电池是把化学能转化为电能，不需要外部供电的电池。

在原电池这个大类别中，除了干电池，还有燃料电池。

燃料电池很厉害，可以把燃料所具有的化学能直接转化成电能，因此又被称为电化学发电器，这是一种新的发电技术。

说到燃料电池，大家其实并不陌生，我们平时骑的电动自行车所用的电池，就是一种燃料电池。

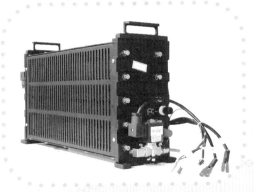

燃料电池中氧和阳极的材料发生化学反应，生成阳极氧化物，类似于燃烧中的氧化反应。这种方式将燃料的化学能转化成电能的效率很高，理论上的转化效率可达75％，甚至100％，而实际发电效率只有40％~60％，但仍比火力发电（30％~40％）的效率高。随着技术的进步，其效率还将得到进一步的提高。

燃料电池系统具备内燃机难以达到的热效率，这意味着在燃烧同等热值燃料的情况下，燃料电池可以提供比传统内燃机更多的能量，从而达到节能目的。

燃料电池的原料是燃料和氧气，不排放有害气体。如果燃料电池以纯氢气为燃料，那么电池反应的唯一产物就是水，那就是说可以实现零污染排放。

我们无法从自然界直接获得纯氢气，目前主要用化石燃料来制取氢气，比如从天然气中获得富氢气体。

这种制氢过程排放的二氧化碳量，比化石燃料（主要是煤）直接燃烧发电排放的二氧化碳量减少40％以上，可有效减缓温室效应。

还有，燃料电池的燃料气在反应前必须脱除硫及其化合物，所以它几乎不排放二氧化硫之类的污染物，不会造成酸雨，减少了对环境的破坏。

随着技术的进步，未来可以利用太阳能、风能、水能、地热能、海洋能等这些绿色可再生能源以及核能来提取水中的氢气，再以氢气作为燃料电池的燃料发电，这就能实现完全的无污染发电。

燃料电池没有噪声污染。火力、水力、核能发电等都需要使用大型涡轮机，它的高速运转会产生很大噪声。汽车的发动机、轮船所用的内燃机，它们开动起来都会产生噪声，隔音降噪则会增加成本。燃料电池按电化学原理工作，电池本身没有机械传动部件，附属系统也只有很少的运动部件，且都是低噪声的，因此，它可以安静地把化学能转化为电能。就算把燃料电池电站建在居民生活和办公区域附近也没问题，这样做还可以有效地降低电能输送过程中的能量损失。

燃料电池使用范围广，机动灵活。 它采用模块式结构，用两个电极夹一层电解质组成单电池，单电池组装起来构成一个电池组，电池组集合起来就成为发电装置。单电池的功率与数量越多，发电容量就越大。燃料电池可以灵活地组装成不同规模的发电站。

燃料电池的建设成本低、周期短，而且它的质量轻、体积小，移动方便，布置灵活，特别适合在海岛或边远地区建造分散性电站。同时，可以避免大机组的脆弱问题，供电更安全。

当然，金无足赤，燃料电池也存在一些缺点。比起内燃机等，它的价格还是太昂贵。它很"挑食"，只能用氢气，有的虽然能用天然气，但必须脱硫处理，而且需要经常更换过滤器。维护也很麻烦，必须由专业人士完成，一旦发生故障，只能运回厂家维修。

燃料电池目前还处于研发阶段，不能做到规模生产。

从节约能源和保护生态环境的角度来看，燃料电池是最有发展前途的发电技术。

以燃料电池为供能系统的思路，其实早在 20 世纪 60 年代就开始应用了。只不过这项技术在当时只应用在航天领域，在太阳能电池板还未出现的时候，燃料电池是载人航天、卫星运行等航天任务中唯一的供能手段。

小型燃料电池

相比蓄电池庞大的体积和较低的储能密度，燃料电池系统具备轻便、灵活、供能效率高的特点。

多组燃料电池

发电用燃料电池

建筑用燃料电池

1 组燃料电池

我国燃料电池的研究始于 20 世纪 50 年代末。随着国外燃料电池技术取得重大进展，在国内形成了新一轮的燃料电池研究热潮。

燃料电池的开发是一个较大的系统工程。目前，我国政府高度重视，研究单位众多，具有多年的人才储备和科研积累，这为我国燃料电池的快速发展带来了无限的生机。

另一方面，我国是一个产煤和燃煤大国，煤的总消耗量约占世界总消耗量的 1/4，造成煤燃料的极大浪费和严重的环境污染。

随着国民经济的快速发展和人民生活水平的不断提高，我国的汽车拥有量（包含私家车）迅猛增长，致使燃油汽车成为重要的污染源。

所以，开发燃料电池这种洁净能源技术就显得极其重要，这也是高效、合理使用能源和保护环境的一个重要途径。

11

家用发电厂

2011 年，日本发生特大地震，引发福岛核电站事故，造成日本的一些城市供电能力大幅下降，许多家庭陷入供电不足或停电的困境。短时间里，价格不菲的家用燃料电池成了市场上的"香饽饽"，人们纷纷购买这种"能够在自己家中发电"的燃料电池装置，以应对难以预料的停电之苦。

家用燃料电池利用氢和氧化学反应产生电力和热量，外形大小就像一个衣橱，质量不足100千克，在家中安装和使用都十分方便。

燃料电池根据其内部组件材料的不同主要有两种类型：一种是采用塑料组件的固体高分子型燃料电池（PEFC）；另一种是采用陶瓷组件的固体氧化物型燃料电池（SOFC），它与固体高分子型燃料电池相比，结构更简单，体积更小，且产生的热量和发电效率也更高，不足之处是它需要24小时连续运转，不能随意关机，否则会导致陶瓷组件破裂损坏。

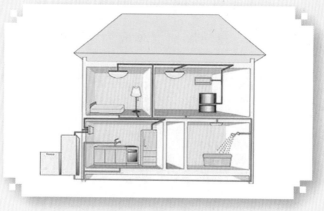

家用燃料电池发电站

对于一些使用管道煤气或管道液化石油气的家庭，如果需要用燃料电池来供电时，只要开启燃料电池装置中的燃料处理器，就可直接把煤气或液化石油气变成发电所需的燃料，与进入装置的空气中的氧气发生化学反应，产生电能。

如果没有煤气或液化石油气，也只需购买一罐氢气，安装到燃料电池的处理器上，同样可以方便地使燃料电池独立发电，为全家供电数月，这样家里就变成了"发电厂"，不再依赖外部的电力供应了。

我们平时使用的电能都是由发电厂生产，再通过各级电网、电缆线输送到千家万户的。燃料电池既可以免去架设长距离输电线的投资，也不再有输电过程中的损耗，更不用担忧家中会停电。

可以像搭积木一样将燃料电池拼装成电池组，用户可根据所需用电量灵活选择，随时调节发电量大小，不会出现传统发电在用电低谷时白白浪费电能的问题。

发电用燃料电池是空间密集型区域的无污染和无噪声的燃料电池发电厂，可为住宅区、商业区及产业园区等稳定供应环保的电、热能源。

建筑用燃料电池安装于商业建筑物、工厂、数据中心、医院和大学等，在提高能源使用自给率的情况下，停电时也可以稳定供电。

住宅用燃料电池是以城市燃气为燃料，同时生产和供应电和热的能源供应设备，是高效、环保的分散电源燃料电池系统。

燃料电池的发展创新将如同百年前内燃机技术突破取代人力的工业革命，电脑的发明普及取代人力的电脑革命，网络通信的发展改变人们生活习惯的信息革命。

燃料电池的高效率、无污染、建设周期短、易维护以及低成本的潜能将引发 21 世纪新能源与环保的绿色革命。

燃料电池发电进入工业化规模应用阶段，将成为 21 世纪继火电、水电、核电后的第四代发电方式。

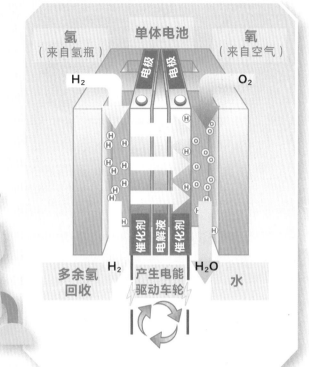

单体电池

氢
（来自氢瓶）　　　氧
（来自空气）

电极　电极

H₂　　　　　　O₂

催化剂　电解液　催化剂

多余氢
回收　H₂　产生电能
驱动车轮　H₂O　水

氢能源电池工作原理

　　燃料电池是动力电池，相当于一部发电机。它在输出电能的同时，同样可以作为储蓄能量的电池使用。我们常用的可以反复充电的蓄电池也是储能电池的一种，它们大多是锂电池，通过电化学的形式存储能量，充电速度慢，电池寿命短。

　　目前，风力发电机用的蓄电池多为铅酸蓄电池。它采用稀硫酸作为电解液，用二氧化铅和绒状铅作为正极和负极。其优点是成本低、技术成熟、储能容量大，可应用于电力系统的备载容量、频率控制、不断电系统。缺点是储存能量密度低、可充放电次数少、制造过程中存在一定污染。

风能用储能电池

此外，还有镍镉电池，由氧化镍粉和石墨粉组成正极，氧化镉粉和氧化铁粉组成负极，氢氧化钾溶液作为电解液。其中正极上的石墨不参加化学反应，主要是为了增强导电性。

它的优点是具有大电流放电特性、耐过充放电能力强、维护简单、循环寿命长。

它的缺点是电池容量会随使用时间而减少，还存在重金属污染。

镍镉电池

还有液流电池，它没有固态的阳极和阴极，电极活性材料是电解质溶液，可溶解于分装在两大储液罐的溶液中，用泵将溶液送到离子交换膜两侧的电极上，进行还原和氧化反应。增大它的电解液容积和浓度就可以增大储能容量，并且可以进行深度充放电。

甘肃全钒液流电池储能集装箱

还有磷酸亚铁锂电池等不同材质的储能电池。除了以上的种类外，还有其他一些储存电能的方法，主要有：

超级电容器与化学电池的原理不同，当外加电压添加到它的两个极板上时，极板的正电极开始存储正电荷，负电极开始存储负电荷，在两极板上电荷产生的电场作用下，电解液与电极间的界面上会形成相反的电荷，以平衡电解液内部的电场。它的电容量大、充放电速度快、无污染、循环寿命长、受气温影响小。在风力发电系统中使用超级电容器，不仅能储存能量，还可以调节因风力变化引起的能量波动。但是超级电容器价格昂贵，会增加成本投入。

超级电容器

超导储能系统是利用超导线圈将电磁能直接储存起来，使用时再将电磁能返回电网的一种电力设施。由超导蓄能线圈、氦制冷器和交直流变流装置构成。优点是蓄能效率高，缺点是电磁力约束和制冷技术还不够成熟。

一个可控超导储能系统

太阳能也是清洁的可再生能源，但阴雨天和夜晚没有太阳了怎么办呢？与风能一样，也可以使用蓄电池、超级电容器来储存太阳能。这样才能保证无论光照强弱，电力都可以稳定输出，并防止电压波动对电网造成影响。

印度孟买的一家科研公司，它的研究人员设计出了一款新型电池，结合静电学和电化学工艺存储能量，使得电池的循环寿命比传统电池长了将近 50 倍，为电动车充满电只需 15 分钟。设计者希望这种电池将来可以取代锂电池。

想看更多让孩子着迷的科普小知识吗？
★ 活泼生动的科技能源百科
★ 有趣易懂的科普小知识

蟲鱼字典

电池是怎么来的？

电池是生活中再常见不过的物品了，但真正意义上的现代电池进入人类世界只有 200 多年的历史。1800 年，意大利科学家亚历山德罗·伏特就发明了"伏打电堆"。伏打电堆由很多个单元堆叠而成，每个单元都有一块铜板和一块锌板，中间由一块浸有盐水的布隔开。每一个小单元能够产生 0.76 伏特的电压。

伏打电堆实验装置

现在，生活中常见的碱性电池、铅酸电池、锂电池等，都与古老的伏打电堆共享着同样的工作原理：通过氧化还原反应将自己储存的化学能转化为电能。当化学反应开始时，额外的电子被释放出来，电池即开始放电。

产生电流之后，有些电池的状态无法逆转，我们将这种电池称为一次电池。当反应物之一消耗殆尽，这种电池便无法再使用了。一次电池容易造成环境污染，需要回收了统一处理。一次电池的电化学反应是不可逆的，也就是说，化学能转化为电能的旅程只能一条路走到黑，电量用尽，电池也没用了。能不能有一种可以重复使用的电池？

1859年，法国物理学家加斯顿·普兰特发明了世界上最早的可充电电池铅酸电池。它采用的可逆的电化学反应，只要施加外电压，改变电子流动的方向（从正极流向负极），电池两极就会发生与放电时方向相反的化学反应，电池就"返老还童"，重新充满电力。

科学家们一直追寻的目标就是在尽可能小的空间里储存尽可能多的能量。安装在我们手机中的电池，就是一种超大功率的储能电池。

我国是煤炭资源大国，但如果把煤炭拿来直接燃烧，不仅会污染环境，也不能高效利用，白白浪费了煤炭资源。近年来出现了一种"煤制油"的技术，但它的经济效益还是不如石油。

怎么能高效利用煤炭资源呢？有一个非常好的应用方式，就是把煤变成氢。这样的新能源利用方式是很有潜力的，预计到了2050年将会形成10万亿元的产业规模，那时候我们将迎来氢能时代。

氢气是目前石油化工用量最大的一种原料，燃烧也很高效，燃烧产物是水，没有污染，是不折不扣的绿色清洁可再生能源。

煤炭制氢当然不是直接把碳元素变成氢元素，而是需要经过气化、一氧化碳耐硫变换、酸性气体脱除、氢气提纯等环节，得到不同纯度的氢气。

煤制氢技术成熟、原料成本低、装置规模大，这些是它的优点；缺点是设备结构复杂、运转周期短、投资高、配套装置多。

国家能源投资集团有限责任公司是目前全世界第一的煤气化公司，直接生产的氢有 20 万吨。它有 80 台煤气化炉，可以为 4000 万辆燃料电池汽车提供氢，而且在氢气的生产过程中已经实现了二氧化碳的捕集和封存，实现了零排放，不需要再担心温室效应了。

鄂尔多斯煤制油、煤制氢装置

氢在常温常压下为气态，在超低温高压下又可成为液态。我们熟悉的氢气应用是充气球，氢气球飞得又快又高，这真是大材小用了。

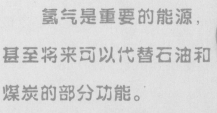

氢气是重要的能源，甚至将来可以代替石油和煤炭的部分功能。

氢气热气球

氢是自然界存在的最普遍的元素，除空气中含有氢气外，它主要以化合物的形态贮存于水中，而水是地球上最广泛的物质。据推算，如把海水中的氢全部提取出来，它所产生的总热量比地球上所有化石燃料放出的热量还大9000倍。

除核燃料外，氢的发热值是所有化石燃料、化工燃料和生物燃料中最高的，为每千克142351千焦，是汽油发热值的3倍。

氢的燃烧性能好，点燃快，与空气混合时有广泛的可燃范围，而且燃点高，燃烧速度快。

氢本身无毒，与其他燃料相比氢燃烧时最清洁。

氢能燃烧

除生成水和少量氨气外不会产生如一氧化碳、二氧化碳、碳氢化合物、铅化物和粉尘颗粒等对环境有害的污染物质，少量的氨气经过适当处理也不会污染环境，而且燃烧生成的水还可继续制氢，反复循环使用。

氢能利用形式多，既可以通过燃烧产生热能，在热力发动机中产生机械能，又可以作为能源材料用于燃料电池，或转换成固态氢用作结构材料。

用氢代替煤和石油，不需对现有的技术装备作重大的改造，将现有的内燃机稍加改装即可使用。

氢的形态非常多，可以以气态、液态或固态的氢化物出现，满足应用环境的不同要求。

氢能是无污染、高效的理想能源，但氢的储存与运输并不方便。因为氢对一般材料会产生腐蚀，造成渗漏等，更危险的是氢本身可燃，是个"暴脾气"，在运输过程中很容易爆炸。

储氢材料对于氢气的应用至关重要。现在的储氢材料多为金属化合物，能与氢结合形成氢化物，加热后放出氢，放完后又可以继续充氢。

在实际应用过程中，氢燃料电池有着储能电池比不上的优势，就是"充气五分钟，续航一千里"，充氢 5 分钟就能行驶 500 千米。理论上，氢燃料电池集合了汽油车的高能量比、即充即走以及超越储能电池的高能量转化效率、无污染的优点，是新能源车的终极解决方案。

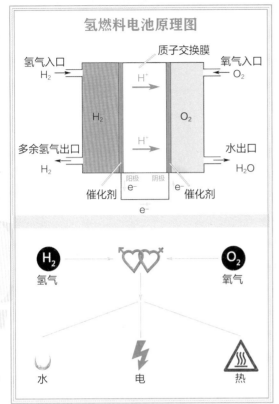

氢燃料电池原理图

氢气入口 H₂　　　质子交换膜　　氧气入口 O₂

H⁺

H₂　　　　　　　　O₂

H⁺

多余氢气出口 H₂　　　　　　　水出口 H₂O

阳极　阴极

催化剂　e⁻　　e⁻　催化剂

e⁻

H₂ 氢气　　　　　　　O₂ 氧气

水　　　电　　　热

氢燃料电池轿车加一次氢可跑 300 多千米，时速为每小时 140～150 千米。**但是氢燃料电池轿车比同类型内燃机车重 200 多千克，贵 5 倍以上。**

　　　　　　　　将氢气送到燃料电池的阳极板（负极），经过催化剂（铂）的作用，氢原子中的一个电子被分离出来，失去电子的氢离子（质子）穿过质子交换膜，到达燃料电池阴极板（正极），而电子是不能通过质子交换膜的，这个电子只能经外部电路，到达燃料电池阴极板，从而在外电路中产生电流。电子到达阴极板后，与氧原子和氢离子重新结合为水。由于供应给阴极板的氧，可以从空气中获得，因此只要不断地给阳极板供应氢，给阴极板供应空气，并及时把水（蒸气）带走，就可以不断地提供电能。

燃料电池发出的电，经逆变器、控制器等装置，给电动机供电，再经传动系统、驱动桥等带动车轮转动，就可使车辆在路上行驶。

燃料电池车的能量转化效率为 60% ~ 80%，是内燃机的 2 ~ 3 倍。

燃料电池的燃料是氢和氧，生成物是清洁的水，它本身工作不产生一氧化碳和二氧化碳，也没有硫和微粒排出。

因此，氢燃料电池汽车是真正意义上的零排放、零污染的车，氢燃料是完美的汽车能源！

氢能汽车

加氢站

既然优点这么多、这么明显，那么为什么氢燃料电池汽车还没有大规模上路？这就不得不说说氢燃料电池汽车上路的几个"绊脚石"了。

首先是制取氢气。目前主流的制氢方式有煤制氢、氯碱副产物制氢、电解水制氢等，这个弊端还是很明显的。先不说煤制氢将煤中的化学能多了几道程序，如果氢气不纯含有二氧化碳或者一氧化碳，很容易将电池的催化剂毒化。氯碱副产物制氢依赖于工业品生产布局，不适于大规模推广。电解水制氢也是走了其他能源 — 电能 — 化学能 — 电能的长路子，不过如果初始能源是清洁能源如风能、太阳能还好，如果是其他形式的能量就得不偿失了。

其次，氢气为气体，其体积密度极小，这为储存运输带来了很大的困难。一是储存能量比低，二是安全性差。目前加氢站布局又少，这增大了使用氢气的难度。

从电池本身来说，目前氢燃料电池的催化剂主要使用铂，虽然也有关于其他催化剂的研究，但目前铂还是性能最好的，不得不用，而且催化剂、交换膜都显得有些"娇气"，一闹脾气就容易"生病"甚至"罢工"。

燃料电池汽车的主要问题，是制造驱动它们的氢气燃料要消耗比普通电动汽车更多的能源。**污染也是个很严重的问题。**

除了甲烷转化，获得绿色氢气的唯一可行的方式是电解。这一过程中消耗的电可以更好地用在普通电动汽车上。

既然问题重重，为什么还要研发氢燃料电池？ 因为氢燃料电池的能量转化率较高，为60%~80%，有时甚至可超过80%，而普通燃烧的能量转化率只有30%；而且氢燃料电池可以组合为燃料电池发电站，排放废弃物少，噪声低，是最绿色环保的发电站。

加氢将成为以后汽车的常态

动力电池
冷却装置
氢瓶
燃料电池
驱动电机

氢能电车示意图

因此氢能源汽车取代传统燃油汽车是大势所趋,不可回避的未来。不过新能源汽车的种类很多,并不局限于氢能源。

想看更多让孩子着迷的科普小知识吗?
★ 活泼生动的科技能源百科
★ 有趣易懂的科普小知识

蠢鱼字典

新能源汽车巡礼

来,新能源汽车排好队,挨个儿让我们检验一下。首先是混合动力汽车,就是那些既采用传统燃料,又配备了电动机的车型,按照燃料种类的不同,主要又可以分为汽油混合动力和柴油混合动力两种。这种车型什么都想有,什么都不愿意放弃。

纯电动汽车就没混合动力汽车那么复杂了,这种汽车大部分直接采用电机驱动,也有一部分车辆把电动机装在发动机舱内,还有一部分直接以车轮作为四台电动机的转子,它的关键技术点在于电力储存技术。

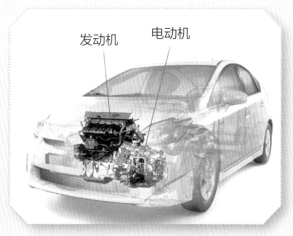

发动机　　电动机

混合动力汽车示意图

从能源的利用和环境保护方面来说，最理想的车型是燃料电池汽车。它以氢气、甲醇等作为燃料，通过化学反应产生电流，依靠电机驱动。燃料电池汽车的电池能量，来自氢气和氧气的化学作用。这个作用过程不会产生有害物质，因此燃料电池车辆没有什么污染。

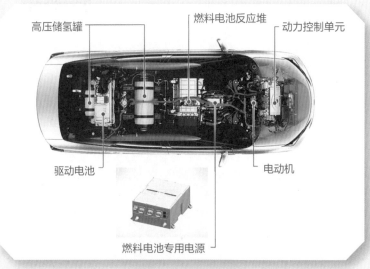

高压储氢罐　　　燃料电池反应堆　　动力控制单元

驱动电池　　　　　　　　　　　　　电动机

燃料电池专用电源

燃料电池汽车示意图

新能源汽车的队伍中还有超级电容汽车，这种汽车的核心超级电容器，电容量非常大。2010上海世博会园区的世博专线用的就是它。

燃气汽车、空气动力汽车、飞轮储能汽车等也颇为亮眼。

上海超级电容大巴车已经上路

超级电容大巴车的电容部分

地热就是来自地球内部的一种热能。你一定知道火山吧，火山喷出的熔岩温度可以高达 1300 ℃。

你也一定听说过温泉吧，天然温泉的温度在 60 ℃以上，有的可以高达 140 ℃。

细心的你一定会发现一个问题：在一个标准大气压下，水的沸点是 100 ℃，温泉怎么会达到 140 ℃呢？这是因为地下有很大的压强，使水的沸点升高，超过 100 ℃也没有变成水蒸气。

火山和温泉的热量都是来自地球内部，当这种热量跑到地表时，就成为地热资源。

厄瓜多尔通古拉瓦火山爆发

火山灰柱状云伸向高空

35

地球的构造像一个煮得半熟的鸡蛋，主要分为三层：外面坚实的大地相当于鸡蛋壳(ké)，叫"地壳(qiào)"，它的厚度并不均匀，由几千米到70千米不等，其中大陆壳较厚，海洋壳较薄；地壳下面相当于鸡蛋白，叫"地幔"，主要是由熔融状态的岩浆构成，厚度约为2900千米；再往里面就到了蛋黄部分，叫"地核"。

地球每一层的温度是不同的，越往下温度越高，平均每下降100米，温度就升高3℃。到了地球中心，温度可达5000℃，接近太阳表面的温度。

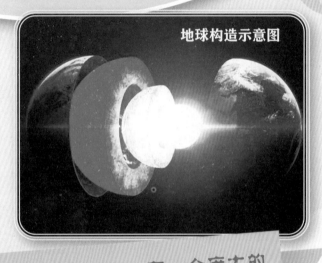

地球构造示意图

原来在我们居住的地球内部，有一个庞大的热库，蕴藏着巨大的热能，地热就是从那里产生的。

地球内部的热量是从哪里来的呢？

一般认为，是地球物质中所含的放射性元素衰变产生的热量。在地球的历史中，地球内部由于放射性元素衰变而产生的热量，平均为每年21万亿亿焦耳。

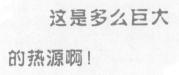

这是多么巨大的热源啊！

全球地热能的潜在资源，约为全球能源消耗总量的 45 万倍，是已知的煤储量全部燃烧所放出热量的 1.7 亿倍，这么丰富的地热资源等待我们去开发。

地热喷发

蠹鱼字典

放射性元素衰变

放射性元素能够自发地从不稳定的原子核内部放出粒子或射线，如 α 射线、β 射线、γ 射线等，最终衰变形成稳定的元素，这时停止放射射线。这种性质称为放射性，这一过程叫放射性衰变。在这个过程中会释放出能量，许多航天器上的核电池就是利用这种能量。

地热资源在全球的分布主要集中在三个地带：

第一个是环太平洋带，东边是美国西海岸，南边是新西兰，西边有印尼、菲律宾、日本还有中国台湾；第二个是大西洋中脊带，大部分在海洋，北端穿过冰岛；第三个是地中海到喜马拉雅的红海—亚丁湾—东非裂谷地热带，我国西藏就在这条热带上。

西藏是我国地热活动最强烈的地区，地热蕴藏量居我国首位，有700多处发热区，绝大部分地表泉水的温度超过了80 ℃。

人类很早以前就开始利用地热能，例如住房取暖、蔬菜温室、医疗、洗浴、水产养殖，还有烘干谷物等。

利用地热供热水、采暖的方法比较简单，只要在有地热资源的地方钻一口井，将地下水直接引入所需要的地方就可以了。

还有一种地热采暖，全称叫低温地板辐射采暖，把不高于60 ℃的热水加到管道中流动，加热地板，使房间变暖。

地热洗浴很受欢迎。地下热水中含有极少量的原生水和某些特殊的化学元素，可治疗关节炎、神经系统和心血管疾病，具有增进健康、增强体质的作用。

在工业应用方面，可以从地热流体中提取锂、硼、氯化钾、氯化钙等有用金属和矿物质。

地热不仅存在于地球上，如果将来人们到了遥远的外太空，也可以开发外星球上的地热资源。

西藏羊八井地热温泉

直接利用地热能，不但能量的损耗小，而且对地下热水的温度要求低，从 15 ~ 180 ℃的温度范围内均可利用。**在全部地热资源中，这类中、低温地热资源十分丰富，远比高温地热资源量大得多。**

直接利用地热能的技术要求较低，所需设备也较为简易。 在直接利用地热能的系统中，通常都是用泵将地热流抽上来，通过热交换器变成热气和热液后再使用。这些系统都比较简单，使用的是常规的现成零部件。

直接利用地热能的热源温度大部分都在 40 ℃以上。在美国、加拿大、法国、瑞典等国家，人们利用热泵技术，温度为 20 ℃或低于 20 ℃的热液源被当作热源使用。

热泵的工作原理与家用电冰箱相同，只不过电冰箱实际上是单向输热泵，地热泵则可双向输热。冬季，它从地球提取热量，然后提供给住宅或大楼，类似于冬季取暖的供热模式；夏季，它从住宅或大楼提取热量，然后提供给地球储存起来，很像空调模式。不管哪一种循环，水都被加热并储存起来，发挥了一个独立热水加热器的复合功能。

由于水流只能用来传热，不能用来产生热，因此地热泵可以提供比自身消耗的能量高 3 ~ 4 倍的能量。它可以在很宽的地球温度范围内使用。在美国，地热泵系统每年以 20% 的增长速度发展，而且未来还将以两位数的良好增长势头继续发展。

据美国能源信息管理局预测，到 2030 年，地热泵将为供暖、散热和水加热提供巨大的能量。

但是，地热能的直接利用也有其局限性，这是由于地热通过热水传送，热源不能离用热的城镇或居民点过远。否则投资多，热能损耗大，经济性差，是很划不来的。

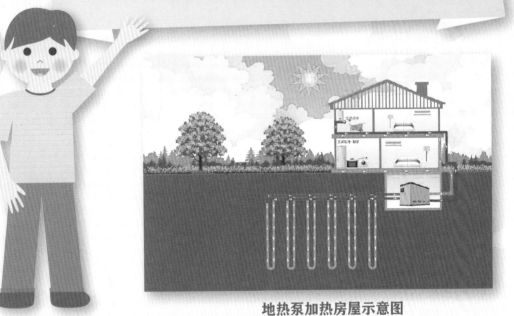

地热泵加热房屋示意图

地热如果仅仅用来洗浴，只能服务很少数的人，太浪费了，用来发电就可以使大众受益。

地热发电是一种新型发电技术，它可将地下热水和蒸汽变为动力源。 基本原理与火力发电类似，也是根据能量转化原理，先把地热能转化为机械能，再把机械能转化为电能。具体做法就是利用地热把水烧开，变成水蒸气，推动发电机发电。

41

地热发电的由来

1904 年，在意大利的拉德雷诺，人类第一次使用地热发电。地热驱动 0.55 千瓦的小发电机发电，点亮了 5 只 100 瓦的电灯。这时候，距离 1882 年世界上第一座发电站的建立只有 22 年。第一座发电站是由爱迪生建立的，利用的是蒸汽机驱动直流发电机。拉德雷诺的这座电站延续了爱迪生发电的思路，只是水蒸气由地热产生。这座电站后来发展为 54.8 万千瓦的中型地热电站。

1958 年，新西兰的北岛开始用地热源发电。新西兰、菲律宾、美国、日本等国都先后投入到地热发电的大潮中，其中美国地热发电的装机容量居世界首位。在美国，大部分的地热发电机组都集中在盖瑟斯地热电站。盖瑟斯地热电站位于加利福尼亚州旧金山以北约 20 千米的索诺马地区。1920 年在该地区发现温泉群、喷气孔等，1958 年投入多个地热井和多台汽轮发电机组，至 1985 年电站装机容量已达到 1361 兆瓦。

20 世纪 90 年代中期，以色列奥玛特公司把地热蒸汽发电和地热水发电两种系统合二为一，设计出联合循环地热发电系统，受到好评。联合循环地热发电系统的最大优点是可以适用于大于 150 ℃的高温地热流体发电，经过一次发电后的流体，在不低于 120 ℃的情况下，再进入双工质发电系统，进行二次做功，充分利用地热流体的热能，既提高了发电效率，又能将经过一次发电后的排放尾水进行再利用，大大节约了资源。

地热发电，就是利用液压或爆破碎裂法将水注入岩层中，产生高温水蒸气，然后将蒸汽抽出地面推动涡轮机转动，达到发电目的。

在这一过程中，一部分未利用的蒸汽或者废气经过冷凝器处理还原为水回灌到地下，循环往复。

地热发电的实质，就是把地下的热能转化为机械能，然后将机械能转化为电能的能量转变过程。

针对温度不同的地热资源，地热发电有四种基本发电方式，即直接蒸汽发电法、扩容（闪蒸法）发电法、中间介质（双循环式）发电法和全流循环式发电法。

地热发电的热效率低，对温度要求高。地热类型不同，所采用的汽轮机类型不同，热效率一般只有6.4% ~ 18.6%，大部分的热量白白消耗掉。

所谓温度要求高，就是说，利用地热能发电，对地下热水或蒸汽的温度要求一般都在 150 ℃以上，否则将严重地影响其经济性。

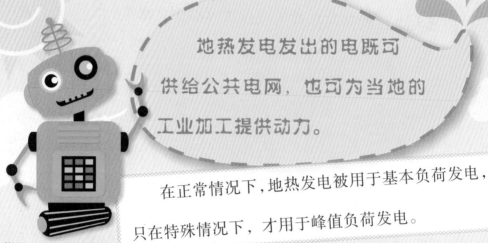

地热发电发出的电既可供给公共电网，也可为当地的工业加工提供动力。

在正常情况下，地热发电被用于基本负荷发电，只在特殊情况下，才用于峰值负荷发电。

这样做的原因，一是对峰值负荷的控制比较困难，二是容器的结垢和腐蚀是个问题。一旦容器和涡轮机内的液体不满并让空气进入，就会产生结垢和腐蚀问题。

地下热水含有的危害性最大的气体为硫化氢、二氧化碳、氧等，它们是导致腐蚀的主要因素。这些气体进入汽轮机、附属设备和管道后会产生强烈的腐蚀。此外，地下热水中含有结垢的成分，如硅、钙、镁、铁等，以及对结垢有影响的气体，如二氧化碳、氧和硫化氢等，产生的水垢经常以碳酸钙、二氧化硅等化合物形式出现。

因此，在利用地下热水发电时要充分注意、解决腐蚀和结垢问题。

20世纪70年代初，我国各地涌现出大量地热电站。利用地热蒸汽推动汽轮机运转，产生电能。

这套系统技术成熟、运行安全可靠，是地热发电的主要形式。

西藏羊八井地热电站采用的便是这种形式。

微信扫码

想看更多让孩子着迷的科普小知识吗？
★ 活泼生动的科技能源百科
★ 有趣易懂的科普小知识

羊八井地热电站位于拉萨市西北 90 千米的当雄县境内，这里有规模宏大的喷泉与间歇喷泉、温泉、热泉、沸泉、热水湖等，地热田面积达 17.1 平方千米，是我国目前已探明的最大高温地热湿蒸汽田。这里的地热水温度保持在 47 ℃左右，是我国大陆开发的第一个湿蒸汽田，也是世界上海拔最高的地热发电站。1975 年，西藏第三地质大队用岩心钻在羊八井打出了我国第一口湿蒸汽井，第二年，我国大陆第一台兆瓦级地热发电机组在这里成功发电。

西藏羊八井地热发电站

与不太稳定的太阳能和风能相比，地热能是较为可靠的可再生能源，这让人们相信地热能可以作为煤炭、天然气和核能的最佳替代能源。另外，地热能确实是较为理想的清洁能源，能源蕴藏丰富且在使用过程中不会产生温室气体，对地球环境不产生危害。

位于藏北羊井草原深处的羊八井地热电厂，是我国目前最大的地热试验基地，也是当今世界唯一利用中温浅层热储资源进行工业性发电的电厂。同时，羊八井地热电厂还是藏中电网的骨干电源之一，年发电量在拉萨电网中占到一半。1977年至2011年底，累计发电26.79亿千瓦时，与燃煤电厂相比，节约标准煤88.4万吨，减少二氧化碳排放量318万吨，为西藏的经济建设和环境保护作出了重要贡献。

2012年7月，国家发展和改革委员会发布《可再生能源发展"十二五"规划》指出，"十二五"期间可再生能源投资需求估算总计约1.8万亿元。而地热能"十二五"发展目标是，到2015年，各类地热能开发利用总量达到1500万吨标准煤，其中，地热发电装机容量争取达到10万千瓦，浅层地温能建筑供热制冷面积达到5亿平方米。

能源专家认为，环保的地热发电将在今后有强劲的发展前景。乐观的人甚至预计地热发电量在20年后将占世界总发电量的10%。

如果今天晚上突然停电了，你的生活会有哪些变化？屋子里一片漆黑，没有照明，看书、看电视、玩电子游戏机都不行了。这还仅仅是开始，接下来妈妈可能烦恼

不能用洗衣机洗衣服，爸爸担心冰箱中的食品会坏掉，你也许会因为无法启动空调而烦躁：天啊，室温都到了 32 ℃，快热死了……你庆幸还有手机，虽然 Wi-Fi 断了，可手机还能上网。虽然用流量贵一点，但玩小游戏还是可以的……手机快没电了，那快找充电宝。

没有电，我们的生活会变得一团糟。

那么，电从哪儿来的呢？从各种发电厂汇聚而来。

我们介绍过很多种发电模式：水力发电、风力发电、生物质能发电、太阳能发电，还有核能发电。不管什么样的发电模式，最终都要解决一个问题——发出的电怎么从发电厂输送到终端用户，也就是你我的家中，驱动电器工作，为我们照明、供暖。

当然是用电线传送了。这些电线可不是普通的电线，它们需要承载电力，将电从发电厂送到几百甚至几千千米之外的用电处。

为了运输过程中尽量减少能量损耗，现在电厂输送出电的电压一般为2万伏左右，然后根据输电距离进行调整。而我们日常用电的电压只有220伏。所以，工程师们修建了很多变电站，让从发电厂出来的高压电，通过变电站降低电压，直到可以输入家庭直接使用。

各种级别的变电站和四通八达的输电线，组成一张密实的电网，将电力输送到千家万户。

电网为我们带来电能，但它也有很多不足：台风来时，电线被大风刮断或者电线杆被拉倒，会停电；气温低时，下冻雨压坏电线，也会停电；电线短路会引起火灾；不正确的用电会造成触电事故；电能在传输过程中，一部分电会引起电线发热，白白浪费掉能量；如果很多用电器挤在同一段时间内用电，会形成用电高峰，电不够了就需要拉闸限电；一排排的电线杆和蛛丝一样盘根错节的电线还可能对生态环境造成一定程度的破坏……

51

针对这些问题，我们就需要把电网升级改造成"电网 2.0"——智能电网。

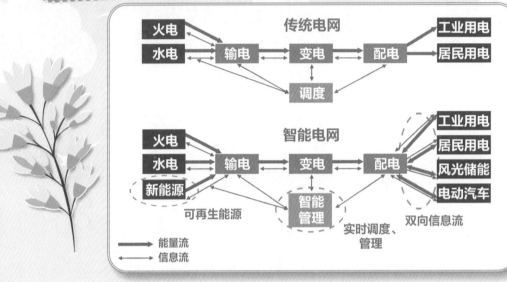

传统电网和智能电网的比较

什么是智能电网？

顾名思义，就是电网的智能化。我们给电网装上大脑和神经后，它便可以对一些故障进行自我修理，还可以减少对能源的依赖，减缓全球温室效应，保护环境。

那它是怎么做到的呢？ 智能电网有一套智能的监测系统，有多少电能，都流向了哪里，这些都会被记录下来。还可以换上没有电阻的超导传输线，电线就不会发热，可减少电能传输过程中的损耗。

它被称为"智能电网",智能当然是必不可少的。

当用电量少、电能便宜时,智能电网就会提示家庭开启某些家用电器,工厂中那些随时可以完成生产任务的机器可以在用电低谷运行。到了用电高峰期,可以关闭家庭和工厂中一些不必要的用电器和机器。还可以在用电量低的时段给电池充电,在高峰时段反过来给电网供电。这样就有效避免了用电高峰和低谷对电网的损害。

这里我要特别向大家介绍我国的"黑科技"之一: 特高压输电技术。 有了这项技术后,我国西部丰沛的风力、水力和煤炭发出的电力能源就可以被源源不断地输送到东部,那里人口众多,制造业密度高,有巨大的用电需求。

在特高压输电项目上,我国走在了世界电网科技的最前沿。

特高压电网

1989 年，我国第一个超高压直流输电工程，葛洲坝至上海 ±500 千伏直流工程建成并投入使用。

这项工程由外国公司参与建设，技术由国外提供，设备由国外整装进口。

这个时候，我国的超高压输电技术和世界先进水平还有相当大的差距。要知道，1891 年就诞生了世界上第一条高压输电线路，虽然它的电压只有 13.8 千伏。1935 年，人类社会第一次出现了 275 千伏的超高压线路；1959 年，苏联建成世界上第一条 500 千伏输电线路，人类利用电能的水平有了很大提升。从 20 世纪 70 年代起，美国、苏联、日本等国家开始研究特高压输电技术，苏联还建成了一段 1150 千伏的特高压试验线路。

我国 80% 以上的能源资源分布在西部、北部，70% 以上的电力消费却集中在东部、中部。中西部资源大省有电送不出，白白浪费掉了；东部和中部经济大省的电却不够用，经常要拉闸停电限电。

这样的现实，促使我国在电能输送方面加大研究力度和建设速度。

特高压电网不是 500 千伏高压电网的简单放大，还包括了关键技术和配套设备质的提升。

既面临高电压、强电流的电磁与绝缘技术世界级挑战，又面临高海拔地区的严酷自然环境影响，创新难度极大，一直被喻为输电领域的"珠穆朗玛峰"。

我国有集中力量办大事的制度优势，由政府支持、企业主导、研发一体，加上我国电力人的勤奋和刻苦，攻克了一个又一个难题，**成功建造起一条又一条的特高压电输电线路。**

这里的特高压指的是直流 ±800 千伏及以上、交流 1000 千伏及以上的高压。

电压越高，输电效率就越高。特高压的"特"指输出的电压特别高、输送的电容量特别大、传输的距离特别远，可以更安全、更高效、更环保地配置能源。

2019 年，昌吉至古泉 ±1100 千伏特高压直流输电线路成功实现全压送电。这条线路起于新疆昌吉换流站，止于安徽宣城古泉换流站，途经甘肃、宁夏、陕西、河南，全长 3293 千米，输电容量 1200 万千瓦，是目前世界上电压等级最高、输送容量最大、输电距离最远、技术水平最先进的输电线路。

经过 30 年的努力，我国从技术上的"小白"翻身变成了领先者，并且率先建立了由 168 项国家标准和行业标准组成的特高压输电技术标准体系。

同时，成功推动了国际电工委员会（IEC）成立专门的特高压直流和交流输电技术委员会（TC115 和 TC122）。

特高压输电技术，和高铁、5G 一起，成为我国高科技领域的三匹黑马，带领我国科技直入云霄。

巴西美丽山 ±800 千伏特高压直流一期项目，这是我国在国外的第一个特高压输电项目

现在，国家电网公司已初步建成了 3.35 万千米特高压工程线路，特高压输电通道累计送电超过 11855 亿千瓦时，特高压电网架构形成了全国"西电东送、北电南供"的能源布局。更可贵的是，还实现了"水火互济、风光互补"，就是水力发电与煤炭的火力发电互相调剂，风力发电和太阳能发电彼此补充，这样全国能源得到了最优化的配置，为保证电力可靠供应奠定了坚实基础。

通过特高压电网，我国每年减少燃煤运输和减排二氧化碳上亿吨，减排二氧化硫和氮氧化物数万吨，减轻了环境压力。**特高压电网为清洁能源的使用创造了条件。**

特高压电输电技术中，就采用了新一代智能电网技术，破解了远距离大功率高电压直流输电、跨大区电网互联等世界级技术难题。

什么样的电网属于智能电网？

我国的智能电网是以特高压电网为骨干网架、各电压等级电网协调发展的坚强电网为基础，高度集成了现代先进的传感测量技术、通信技术、信息技术、计算机技术和控制技术的新型电网。

它可以充分满足用户对电力的需求，优化资源配置，确保电力供应的安全性、可靠性和经济性，而且环保又经济！

智能电网包括可以优先使用清洁能源的智能调度系统、可以动态定价的智能计量系统以及通过调整发电、用电设备功率优化负荷平衡的智能技术系统。

电能不仅从集中式发电厂流向输电网、配电网直至用户，同时电网中还遍布各种形式的新能源和清洁能源·太阳能、风能、燃料电池、电动汽车等。

此外，高速、双向的通信系统实现了控制中心与电网设备间的信息交互，高级的分析工具和决策体系保证了智能电网的安全、稳定和优化运行。

智能电网至少具有以下几个特点。

第一，智能电网最重要的特点就是自愈性。如果电网中的元件出现问题，电网会感知到问题的存在，并自动将这个问题部件从系统中隔离出来，使系统迅速恢复到正常运行状态。在这个过程中，供电不会中断，不需要人为干预。这有点像人受伤后，小伤口不需要包扎治疗，慢慢地自己就可以长好。从本质上讲，自愈就是智能电网的免疫系统。

电网是怎么做到自愈的呢？

它会进行连续不断的在线自我评估，以预测电网可能出现的问题，发现已经存在的或正在发展的问题，并立即采取措施加以控制或纠正。智能电网应用连接多个电源的网络设计方式，当出现故障或发生其他问题时，传感器确定故障并和附近的

设备进行通信，切除故障元件，并将用户迅速切换到另外的可靠电源上。传感器还有检测故障可能发生的能力，在故障实际发生前，将设备状况告知系统，系统就会及时提出预警信息。

第二，智能电网激励和包容用户。 传统电网，就是简单的输电网络，有一个计量用电度数的电表。用户对于电网来说，能做的只是按时按照电表上的走字交电费。而智能电网则将用户的需求看成是一种可管理的资源，根据这种需求调整供电，确保系统的可靠运行。对用户来说，可以选择性地花钱买电，修正其使用和购买电力的方式，获得实实在在的好处。

以后，用电也可以像交手机话费一样选择套餐，高峰时段电价高时选择买多少度电，低谷时段电价低时选择买多少度电，搭配使用。

用户通过物联网在智能终端上操纵智能设备，比如智能手机上安装的"用电"小程序，就能远程遥控电热水器、冰箱、洗衣机等电器，轻松管理电力。

比如下班时，就可以通过程序提前打开家中的空调，设置最适宜的温度；同时接通热水器，保证回家时水温达到洗澡的舒适程度……通过程序，还能如同查询手机流量一样，随时了解某个电器在某一段时间内的耗电量，**对自己的用电费用一目了然。**

智能电表

　　智能电网与用户之间可以建立起双向实时的通信系统，实时通知用户的电力消费成本、实时电价、电网目前的状况、计划停电等信息。用户可通过实时报价感受到价格的增长，从而降低电力需求，推动成本更低的解决方案以及新技术的开发。通过这种方式，鼓励和促进用户积极参与电力系统的运行和管理。

第三，智能电网具有抵御攻击的能力。电网的安全性十分重要。智能电网遭遇的攻击分为外在的实体攻击和内部的网络攻击。前面介绍过了，智能电网有自愈性，能够从供电中断故障中快速恢复供电。由于智能电网是全系统解决方案，从设计到运行都具有阻止攻击的能力，能最大限度地降低损失和快速恢复供电服务。智能电网也能同时承受对电力系统几个部分的攻击和在一段时间内多重协调的攻击。

第四，智能电网容许多种不同类型的发电和储能系统接入。前面介绍了储能电池，还谈到各种能源都可以用来发电，这些电力只有接入电网，才会被用户使用。这就要求智能电网能够安全、无缝地容许不同类型的发电和储能系统接入，简化联网过程，做到"无缝接入、即插即用"。

智能电网简化了新能源发电入电网的过程，通过改进的互联标准使多种发电和储能系统容易接入。

各种不同容量的发电和储能设备在所有电压等级上都可以实现互联，包括分布式电源（如光伏发电、风电）、先进的电池系统、即插式混合动力汽车和燃料电池。

未来，用户甚至可以安装自己的发电设备，实现自产自销。

在智能电网中，大型集中式发电厂将继续发挥重要的作用。

智能电网加强了输电系统的建设，使大型电厂仍然能够远距离输送电力。同时各种各样的分布式电源的接入，减少了对外来能源的依赖，提高了供电可靠性和电能质量。

电网运行必须更为经济高效，同时必须对用电设备进行智能控制，尽可能减少用电消耗。

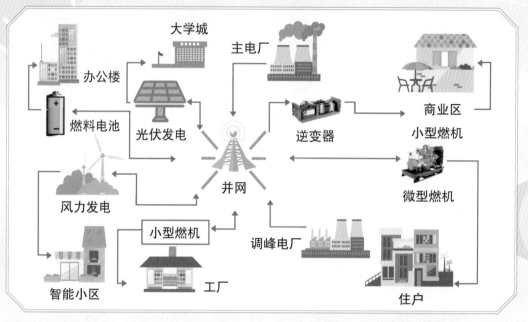

智能电网示意图

此外，智能电网的设计还要考虑减少由于闪电、开关瞬间电流量增加、线路故障等引起的电能质量的波动，这就需要应用电力电子技术的最新研究成果来解决问题。

在智能电网中，智能电表不仅仅是用电量的统计设备，还可以作为互联网路由器，推动电力部门以其终端用户为基础，进行通信、宽带业务或传播电视信号。这意味着，有电的地方就有网络，不再需要专门的上网设备了！

蠹鱼字典

智能电网的诞生

智能电网的诞生过程也是人们对电力的认知过程。

2005 年，科学家坎贝尔发明了一种无线控制器技术，可以把大楼里的各个电器连接起来，互相协调，减少大楼在用电高峰期的用电量。比如说一台空调运转 15 分钟就能将室内温度维持在 24 ℃，这样就可以把另外几台空调停运 15 分钟，还能保持室温不变，但整个大楼却节省了电能。

2006 年，欧盟就把智能电网技术作为一个发展方向。同年，美国 IBM 公司与其他机构、企业合作，开发了"智能电网"解决方案。

2008 年，美国科罗拉多州的波尔得成为美国第一个智能电网城市，每户都安装了智能电表，每时每刻的电价都可以直观地显示。用户可以把洗衣服等一些不太紧急的事情安排在电价低的时候。智能电网还帮助人们优先使用风电和太阳能等价格便宜的清洁能源。变电站可以根据每家每户的用电情况配备电力，保证用电高峰时电力充沛富足，用电低峰时节省电力。

进入 21 世纪以来，在经济发展低碳化、能源利用清洁化的大背景下，新一轮的能源变革在世界范围内蓬勃兴起，智能电网发展方兴未艾，成为世界各国开发利用清洁能源、应对气候变化、保障能源安全的战略选择。

我国政府高度重视智能电网发展，连续两年将发展智能电网写入政府工作报告，并在《国民经济和社会发展第十二个五年规划纲要》中明确指出："发展特高压等大容量、高效率、远距离先进输电技术，依托信息、控制和储能等先进技术，推进智能电网建设。"

发展特高压和智能电网，已成为国家能源战略的重要内容。

前面我们已经知道国家电网公司建设的特高压电网具有智能电网的特点。国家电网公司编制了智能电网规划纲要以及电网智能化、配电网、通信网、信息网等专项规划。按照统筹规划、统一标准、试点先行、整体推进的建设原则，全面推进智能电网建设，还系统开展了智能电网工程项目试点。

目前，我国智能电网在世界范围内建设规模最大、应用领域最广、推进速度最快。新建或改造了 18 座智能变电站，用电信息采集系统提前进入全面推广阶段，实现自动采集 5451 万户。

结合我国实际提出了现阶段以换电为主、插充为辅，集中充电、统一配送的电动汽车充换电运营模式，环渤海、长三角两个区域的跨城际智能充换电服务网络正在建设。

智能小区、光纤入户、直升机智能巡检等项目也取得重要进展。**在智能电表、大容量储能电池、可再生能源接入、风电机组低电压穿越技术研究和设备研制等方面取得了一批重大成果。**

智能变电站

想看更多让孩子着迷的科普小知识吗？
★ 活泼生动的科技能源百科
★ 有趣易懂的科普小知识

智能充电系统

大家都知道，摩擦生电。干燥的环境中，摩擦生电的塑料尺能吸起微小的纸屑，但这种电力很小。要是把我们日常生活中各种摩擦产生的电力收集起来，点亮灯泡还是有可能的。

科学家王中林发明了摩擦纳米发电机，它利用的是摩擦生电效应和静电感应效应，可以把微小的机械能转化为电能。

这意味着，我们的很多行动，比如走路，甚至穿衣服、梳头、开门等，只要有摩擦产生，就可以产生电力。

摩擦纳米发电机很小，采用柔性的高分子材料制作而成，可以安装在我们能接触到的任何地方，收集我们摩擦产生的机械能，并转变为电力。如果将它植入衣服里，就可以在运动（如跑步、走路，甚至伸懒腰）时把能量收集起来，这些能量可用来为手机充电，甚至可以提供给心脏起搏器等医用设备。电灯、电磁炉、手机、电视机、空调、冰箱、洗衣机……所有需要电力的设备，都可以自己"制造"电力！这种方式省钱、方便，不再需要远距离传输的种种设备，而且没有污染。

只要我们运动，就能生产电力！摩擦纳米发电机带来的是能源供给方式思路的转变。

摩擦纳米发电机目前还在实验研究阶段，但它的前景令人激动。

随着科学技术的进步，我们对能源的了解越来越深，一方面，寻找像摩擦纳米发电机这样新的能源供给方法；另一方面，寻找更清洁、更高效的能源，以取代传统的煤和石油，为人类的可持续发展提供源源不断的动力。

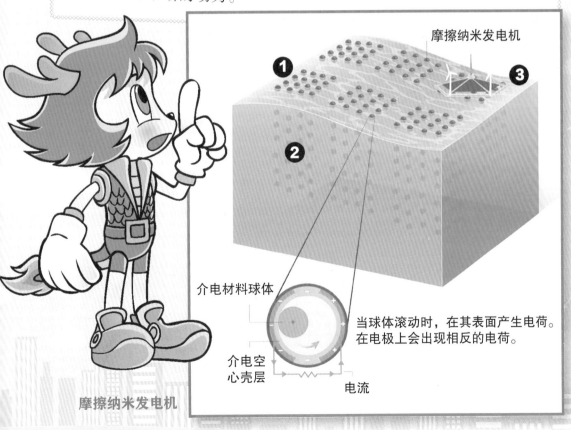

摩擦纳米发电机

介电材料球体

当球体滚动时，在其表面产生电荷。在电极上会出现相反的电荷。

介电空心壳层

电流

摩擦纳米发电机

第一个要介绍的，是最近几年关注度很高的能源——可燃冰。

可燃冰其实并不是冰，而是一种天然气与水的结合物，又称为"固体甲烷"，它看起来像冰，很容易被点燃。可燃冰的能量密度非常高，在日常状况下，1 立方米可燃冰可释放出 164 立方米天然气和 0.8 立方米水，能量密度是天然气的 2 ～ 5 倍，是煤的 10 倍。单位体积的可燃冰燃烧能发出的热量远远大于煤、石油和天然气。而且，可燃冰燃烧后仅产生少量的二氧化碳和水，几乎不会留下固体残渣，也不会产生有害气体，是真正的绿色能源。

可燃冰的储量非常丰富，约为天然气储量的 128 倍，其有机碳总资源量相当于全球已知煤、石油和天然气碳总含量的 2 倍。仅海底探查的可燃冰分布量，就可供人类使用 1000 年。

可燃冰是好东西，但是不好找。 由于可燃冰只能在低温和高压的环境下形成，因此只有在深海或者陆地的永久冻土中才能找到它的踪迹。

目前，在南极、北极地区都已经发现了可燃冰矿点。我国在南海海域和青藏高原冻土区也发现了可燃冰，储存量相当于1000亿吨石油，仅仅南海海域就有近800亿吨油当量。

因此，可以毫不夸张地说，可燃冰是一种具有重大战略意义的未来能源。如果能够大规模开采，这种储量丰富、高能量密度的能源将有助于缓解能源危机。

要想从深海中开采可燃冰非常不容易。

现有海底钻井设备很难进行开采，稍有不慎就会导致开采失败。可燃冰靠低温高压封存，如果温度升高，水合物中的甲烷可能溢出；或者如果冰块消融，导致压力回升，一旦控制不当，可能造成海底滑坡等地质灾害，甚至可能引发海啸，对沿海城市产生不利影响。

2013年，日本尝试过开采海底可燃冰并提取了甲烷，但由于海底砂流入开采井，试验仅6天就被迫中断。第二次试验持续12天后也因出砂问题中断，未能完成原计划连续三四周稳定生产的目标，12天产气量也只有3.5万立方米。

虽然我国对可燃冰的研究起步较晚，但是进步很快。

我国已经批准可燃冰为我国第 173 个矿种，在 2018 年 5 月进行首次海域天然气水合物试采并获得成功，连续试气点火 60 天，累计产生天然气 30.9 万立方米，平均日产 5151 立方米，甲烷含量最高达 99.5%，实现了历史性突破。这只是万里长征迈出的关键一步，后续任务依然艰巨繁重。

虽然经过长期不懈努力，我国取得了天然气水合物勘查开发理论、技术、工程、装备的自主创新，实现了历史性突破，但是距离可燃冰商业开发和大规模利用还有很长的道路要走。唯有一如既往地以只争朝夕的精神，持之以恒地艰苦奋斗，才能把这种"未来能源"变为"现实能源"。

可燃冰

中国南海全球首次试开采可燃冰成功

近几年在北京、天津、河北、山西等地的"煤改电"工程中，空气能取暖设备，主要是空气能热水器，受到欢迎。

空气能，就是空气中所蕴含的热能，其实是空气吸收太阳光的光能后产生的热量。气温越高，空气能越丰富。空气能热水器只要有空气，且温度在 0 ℃以上，就可以 24 小时全天运行。用完一箱水后，一个小时左右就会再产生一箱热水。与其他类型的热水器相比，它能从根本上消除漏电、干烧以及使用时产生有害气体等安全隐患，克服太阳能热水器阴雨天不能使用及安装不便等缺点。虽然安装时一次投资较大，但较为省电，其耗电量仅为普通电热水器的 1/4、燃气热水器的 1/3 和太阳能热水器的 1/2，而且夏天可以制冷，因此成为许多人的选择。

空气能热水器的工作原理：气体被压缩后，气压增大，温度升高。制热时，通过压缩机将空气压缩，空气被压缩后温度升高，将水箱中的纯净水（或专用的防冻液）加热，热量通过管道输送到出风口。制冷的原理正好相反，夏天的热空气忽然到了一个相对较大的空间时（例如蒸发器内），气压降低，温度下降。

空气能热水器

微信扫码

►►►想看更多让孩子着
迷的科普小知识吗?
★ 活泼生动的科技
能源百科
★ 有趣易懂的科普
小知识

当然了,世界上没有永动机,空气能也是要用电的,主要是压缩机工作时用电量大,当加热或冷却到设定的温度时,压缩机会停止工作。所以,相对于直接用电加热的其他电暖设备,使用空气能还是很省电的。

此外,空气能还有环保、寿命长、操作简单等其他优势。我们用遥控器设定好温度后就不用再管,更不需要担心一氧化碳中毒。

下一个要给大家介绍的,是超导材料。

可燃冰是新的能源,要想实际应用还需要做大量的工作,那么在旧能源上还能做点什么事情增加能源的利用效率呢?

古人说："工欲善其事，必先利其器"，改变能源的生产和运输方式，提高能源的利用率，是一个好思路。

从发电厂传输过来的电，跟我们在路上行车时，路面会对车产生阻力一样，电能在传输过程中，因为导线中也有电阻的存在，会白白损失很多电能。虽然我国有世界领先的特高压输电技术，但还是不能将损失降为 0。

而超导材料中，就没有电阻这样的小捣蛋，可以从根本上解决这一问题。

什么是超导材料呢？有些材料当温度下降至某一临界温度时，电阻就没有了，这种现象被称为超导电性，具有这种现象的材料被称为超导材料。

除了没有电阻，超导体还有一个特征：当电阻消失时，磁力线将不能穿过超导体，这种现象被称为抗磁性。

超导电性和抗磁性这两个特征，可不得了。

试想如果我们用超导体来传输电力，那就一点能量损耗都不存在了，百分之百传输到位，是对能源多大的节约啊！

超导体

蠹鱼字典

电 阻

电阻（通常用"R"表示），在物理学中表示导体对电流阻碍作用的大小。导体的电阻越大，表示导体对电流的阻碍作用越大。超导体没有电阻。

因为电阻的存在，导体在电流通过时会发热，电能转化为热能，白白流失掉。如果热量不能及时消散，还可能引起火灾等事故。利用电阻发热这种特性，人们制造出电褥子、电暖气等用品。

超导材料没有电阻，所以用它来发电、输电和储能再好不过了。利用超导材料线圈制成的超导发电机，可以大大提高发电效率，而且几乎没有能量损失。

超导输电线和超导变压器可以把电力几乎无损耗地输送到居民家里。

据统计，目前的普通导线输电过程中，约有15%的电能损耗在输电线上，仅我国每年的电力损失就高达1000多亿度。若改为超导输电，节省的电能相当于新建数十个大型发电厂。

超导磁悬浮列车的工作原理是利用超导材料的抗磁性，将超导材料置于永久磁体（或磁场）的上方，由于超导的抗磁性，磁体的磁力线不能穿过超导体，磁体（或磁场）和超导体之间会产生排斥力，这种力会把超导体像孙悟空一样悬浮起来。

利用这种磁悬浮效应可以制作高速超导磁悬浮列车，如已运行的上海浦东国际机场的高速列车等。

利用超导原理还可以制造超导计算机。高速计算机的集成电路芯片上的元件和连接线密集排列，密集排列的电路在工作时会产生大量热量，所以电脑在使用时需要散热，有的超薄型笔记本电脑如果散热不好的话还会烫手。

若利用电阻接近于零的超导材料制作连接线或超微发热的超导器件，则不存在散热问题，可使计算机的运行速度大大提高。

一般金属的电阻率随温度的下降而逐渐减小。1919 年，荷兰科学家昂内斯用液氦给水银降温，当温度下降到 4.2K（即约 -269 ℃）时，发现水银的电阻完全消失了。

使超导体电阻为零的温度称为临界温度。

想让金属变成超导体，就需要极低的温度，甚至接近绝对 0 度。但日常应用的电线不可能带着"冰箱"，所以科学家们需要寻找高温超导材料。

这里说的高温超导体需要的可不是几百度、几千度的高温，是比原来所需的超低温高的温度。**所以我们不用担心被高温超导体烫伤。**

目前，已经有一些高温超导体，把超导应用温度从液氦（4.2K）提高到液氮（77K）温区。同液氦相比，液氮相对便宜，应用起来方便很多。高温超导体具有相当高的磁性能，能够用来产生非常强的磁场。

希望不久的将来能发现一种可以在常温下实现超导的材料，那时候，人类对电能的利用将进入新时代。

蠹鱼字典

上海磁悬浮列车

上海磁悬浮列车于 2006 年 4 月 27 日开通，也是我国首条磁悬浮线路，线路总长 30 千米，共计 2 座车站投入运营。截至 2017 年 9 月 5 日，上海磁悬浮列车总计运输乘客 5000 万人次，安全运行 1688 万千米。

绝对零度

绝对零度，是理论上的最低温度，整个宇宙之间的最低温度。绝对零度就是开尔文温标（简称开氏温标，记为 K）定义的零点。0K 约等于摄氏温标 −273.15 ℃。在这个温度，万物僵硬，不再有任何运动，也就不存在任何能量。

除了前面介绍的超导材料，记忆合金和纳米材料也在能源领域大有可为。

记忆合金是智能材料的一种。这种合金在一定温度下成形后，能记住自己的形状。当温度降到一定值（相变温度）以下时，它的形状会发生变化；当温度再升高到相变温度以上时，它又会自动恢复原来的形状。

原来形状记忆合金都具有一定的转变温度。在转变温度以上，金属晶体结构是稳定的；在转变温度以下，晶体处于不稳定结构状态，一旦加热升温到转变温度以上，金属晶体就会回到稳定结构状态时的形状。

记忆合金可以 100% 恢复形状，并且反复变形 500 万次，也不会产生疲劳断裂，利用这种特性，可以制造新型发动机。先让合金记住线圈的形状，在常温下把它制成电线，把这条电线接在大小不同的两个圆盘上，在圆盘的一侧加热水，另一侧加冷水。浸在热水中的合金要恢复线圈状，就要收缩，于是带动圆盘旋转，把热能直接转化成机械能，并且水越热，旋转的次数就越多。用这种方法可以利用工厂、发电厂的废热水来做功，因而前景广阔。还有一种光热发电装置利用形状记忆合金丝随温度发生形变的特点，让其带动轮子转动，提供动力给直流发电机，然后将发出的直流电供给用电器，最终实现热能—电能的转化。

记忆合金价格高、加工难，要想制成上述产品，还需要漫长的研发过程。

纳米是长度的度量单位，1 纳米是 10^{-9} 米，也就是 0.000000001 米，大约是头发丝直径的 1/60000。

在纳米级别，材料显示出许多神奇的性能，比如有的纳米颗粒的熔点低，有的纳米金属微粒在低温下不导电，还有的具有极强的吸光性和奇异的磁性等。

更有一些纳米材料有着极大的强度和硬度，以及超塑性（就是可以把它拉伸得很长而不断裂）。

在能源领域，纳米材料可以用作催化剂。我国研制的一种用纳米技术制造的乳化剂，以一定比例加入汽油后，可降低 10% 左右的耗油量。将少量的纳米镍粉添加在火箭燃料中，便能成倍地提高燃料燃烧的效率。我国还研制出一种在室温条件下具有优异储氢能力的纳米材料，它可以代替昂贵的超低温液氢储存装置，大大推动氢能源技术的发展。

蠹鱼字典

发电，这样可以的

口水发电

你没看错，就是你嘴巴里的口水，它可以用来发电！美国纽约州立大学宾汉姆顿分校的研究团队开发出了一款可以通过唾液驱动的"口水电池"。这种电池的外形与巧克力相似，通过口水"唤醒"电池储存的特殊细菌来驱动电流，从而达到发电的目的。不过，目前它的发电量太过微小，需要大量串联才有明显电量，未来很可能成为缺电地区的临时电源。

这款"口水电池"属于微生物燃料电池（Microbial Fuel Cell，MFC）。MFC是一种通过微生物的呼吸将有机物中的化学能直接转化成电能的装置。"口水电池"利用纸制造，便宜且便携；经冷冻干燥，可以长时间储存而不降解；只需要唾液即可激活，唾液是随时随地都可获取的资源。只不过它的功率密度很小，1平方厘米仅有几个微瓦。

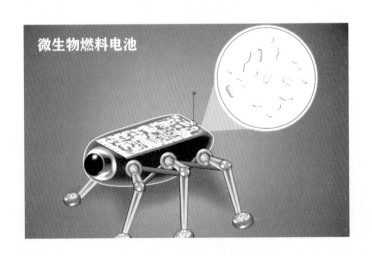

微生物燃料电池

MFC 有时反应会中断，并不能产生大量电能。但是，它却非常适用于生态领域，比如将废弃物转化成有用的能量。另外，它还是非常可靠的离网供电装置，比如在其他方式都不适用的地方检测水质量时，它就能派上用场。

风力树发电机

在法国，一位大爷在自家院子里面种了一棵树。自从种了这棵树，大爷家一年的电费就没有交过。这位大爷是 New Wind 公司的创始人，而这棵树是 New Wind 公司发明的世界上首款风力树发电机——Wind Trees。

树干的材料是白色的钢材，绿色的树叶其实是一个个微型涡轮发电机。每当有风吹过的时候，这些"叶子"就会随风转动，叶片中的电路板就可以产生动力发电了。一棵风力树能够提供 2.5 ~ 4 千瓦的发电量，这样的电量可以满足 15 盏路灯一年的用电量。相比于我们知道的风力发电装备来说，这棵风力树对环境、风力的要求比较小。在城市中使用，风力树也没有太大的噪声，而且成本也降低了很多，大大节省了人工成本。

Wind Trees

其他有趣的发电方式：

※ 用乘坐地铁上班者的体温发电。在地铁这样一个封闭且绝缘的环境下，人们体温产生的热量是巨大的，在欧美一些城市，这样的能源被巧妙地利用起来并转化成电能，给当地的住宅、办公楼和企业使用。目前这一发电方式已经被运用在斯德哥尔摩的地铁系统。工作原理：乘坐地铁上班者产生的热量由车站的通风系统捕获，用于加热地下水箱中的水，然后将水通过管道泵送到距离不到 100 米的 Kungsbrohuset 办公楼，并将其整合到主加热系统中。

※ 在酒吧跳舞发电（地板压力感应发电）。在荷兰鹿特丹一个名为 Watt 的舞蹈俱乐部安装了一种新型的跳舞地板，可以收集舞者腾挪跳跃所产生的能量并将其转化为电能。普通人跳舞所产生的能量大约为 20 瓦，所以两个人产生的能量可以点亮一个灯泡。Watt 称自己是世界上第一个可持续发展的舞蹈俱乐部，然而目前这一技术的转化效率比较低，仍在发展中。此外，这一技术的原理也被运用在铁路系统和公路减速带。

※ 瑞典的研究者发现，将绿色荧光蛋白（GFP）置于铝电极上，并暴露在紫外线下会产生纳米级电流。这种电流足以为纳米设备提供动力，这一技术有望运用于医疗器械领域。研究发现，只需要将特定细菌的细胞膜表面与金属或矿物质接触，就能产生电流。这就意味着，可以把细菌直接"拴在"电极表面来产生电力，可以作为一种新型的、清洁的生物燃料电池。

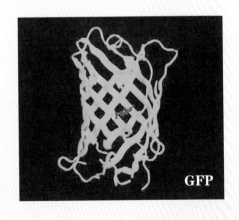

GFP

从捡拾碎木燃烧取暖开始，人类对能源的认知发生了很大的变化。取暖只是对能源最简单和原始的应用。工业革命后，人类经历了蒸汽时代和电气时代，对能源的应用越来越复杂，需求量也越来越大。能源的本质也越来越清晰，能源可以说是取之不尽用之不竭的，不存在枯竭的可能。只是因为我们对能源的应用程度不够，我们无法更深层次地利用能源，才会以为将出现能源危机。

比如核聚变和核裂变，它们都可以释放出巨大的能量。但是人类目前只掌握了核裂变发电的初级技术，这种发电方式会产生高放射性的核废料，同时消耗大量的水。

核聚变释放出的能量比核裂变大几倍，聚变后没有核废料，是特别理想的清洁能源。但核聚变需要巨大的压力和温度，我们目前的技术条件还不足以提供稳定、可商业化的核聚变反应堆。

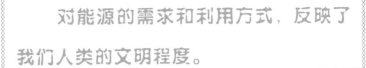

对能源的需求和利用方式，反映了我们人类的文明程度。

原始人仅仅会燃烧干木头取暖、加工食物。现在，我们使用能源不仅为满足日常照明、家居生活，还要用能源驱动"上天入地"的交通工具，生产各种日用品和装备……而且信息时代所依托的大数据中心的耗电量更是惊人。

据统计，目前全球数据中心的电力消耗总量已经占据了全球电力使用量的3%，有行业分析师认为，到2025年，全球数据中心使用的电力总量按现在的电力价格来估算的话，将会超过百亿美元。**24小时不断电的数据中心是名副其实的"电老虎"。**

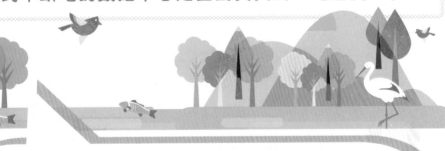

中国数据中心节能技术委员会的数据显示，2016年中国数据中心总耗电量超过1108亿千瓦时，2017年为1200亿～1300亿千瓦时，这个数字超过了三峡大坝2017年全年发电量（976.05亿千瓦时）和葛洲坝电厂发电量（190.5亿千瓦时）之和。

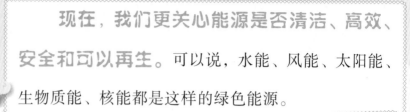

现在，我们更关心能源是否清洁、高效、安全和可以再生。 可以说，水能、风能、太阳能、生物质能、核能都是这样的绿色能源。

在这些能源之外，科学家还发现了其他形式的能源，比如空气能、可燃冰、氢能等，它们也有着不错的应用前景。

人类未来想要进入宇宙，移民其他星球，对能源的需求量就会更加巨大，同时也对能源的使用提出了小型化、便捷化的高要求。用很少的燃料进行能推动宇宙飞船在星际中进行以光年计算的旅行，才能说明人类已经从行星级文明升格为恒星级文明。

在科幻影视和文学作品中，有许多神奇的新能源。科幻小说《神们自己》中，平行宇宙里的钚和钨的同位素，到了我们的宇宙就会变得不稳定，从而释放出能量；《浮沉之主》中描写了从海藻中提取石油，这在今天已经可以变成现实，科学家已经找到了可以把海藻变成燃料、化学原料或矿物质的方法。

早在1941年，科幻小说作家艾萨克·阿西莫夫的《理性》中，就提出了在太空收集太阳能发电，再将电能以微波形式传回地球的设想。我国的科学家已经设立了研究基地，相信不久这个设想将变成现实。

《钢铁侠》里，钢铁侠战甲的能源是以钯为燃料的冷聚变发电机。现实中，可控核聚变研究正在紧锣密鼓地开展，也在不断地取得突破，希望人类可以早日掌握这种取之不尽的能源。

在科幻作品中，也有不少关于反物质的描述。

我们的世界上，包括我们自己的身体，都是由物质组成的，物质由原子构成，原子中有带正电的质子、带负电的电子和不带电的中子，而反物质和物质的不同点是，其中的质子带负电、电子带正电。正反物质一旦接触，就会彻底消失，变成能量，这个过程叫做"湮灭"。

理论上，湮灭的能量远超核聚变，1 克正反物质湮灭就可以毁灭一座城市。人类如果能大量制造和储存反物质，就可以拥有超级能源。

2019 年，人类首张黑洞照片问世。黑洞是宇宙中的一种特殊天体，它的引力大到连光都逃不出来。那么如何从黑洞中获取能量呢？

科幻电影《星际穿越》的科学顾问兼制片人基普·索恩，在与著名科学家约翰·惠勒合著的《引力》一书中，提出了一个非常大胆的设想——黑洞城市。

黑洞

具体设想是，在黑洞周围建造一座环形城市，将城市中每天产生的垃圾装在一串相互连接的小车中，小车中的垃圾沿螺旋线依次落向黑洞。黑洞在捕获垃圾时损失的旋转能由小车带出，小车被回收时会释放出巨大旋转能，从而驱动发电机的转子高速旋转而发出电能。

这个想法过于大胆，也很危险，人类现在也没有这种可以建造黑洞城市的材料，而且人或设备一不小心掉进黑洞，就永远都出不来了。但是到了久远的未来，当宇宙中的大多数恒星都熄灭后，如果那时还有人类，这种黑洞城市不失为一种获取能源的好方法。况且那时候的人类一定会掌握远超我们想象的高科技，驯服黑洞也不是不可能啊！